MW01671204

# Guide to the SODIUM CONTENT OF YOUR FOOD

United States
Department of Agriculture

Dover Publications, Inc.
New York

## Acknowledgments

The authors gratefully acknowledge the contributions of the food specialists of the Nutrient Data Research Group, Consumer Nutrition Center, who shared their collected data; and Mildred T. Pati, who developed the format and processed the data. Gratitude is also expressed to people in private industry who supplied data and information.

---

Published in Canada by General Publishing Company, Ltd., 30 Lesmill Road, Don Mills, Toronto, Ontario.

Published in the United Kingdom by Constable and Company, Ltd., 10 Orange Street, London WC2H 7EG.

This Dover edition, first published in 1985, is an unabridged and unaltered republication of the work first published in 1980 by the United States Department of Agriculture as Home and Garden Bulletin No. 233, under the title *The Sodium Content of Your Food*. The original work was prepared by Science and Education Administration in cooperation with Northeast Cooperative Extension Services, and was written by Anne C. Marsh, Ruth N. Klippstein and Sybil D. Kaplan. (Marsh is a Nutrition Analyst with the Consumer Nutrition Center, SEA, USDA; Klippstein is Professor, Division of Nutritional Sciences, Cornell University; and Kaplan is a Cooperative Extension Specialist, University of Rhode Island, Kingston.)

Manufactured in the United States of America
Dover Publications, Inc., 31 East 2nd Street, Mineola, N.Y. 11501

**Library of Congress Cataloging in Publication Data**

Marsh, Anne C.
Guide to the sodium content of your food.

"Original work was prepared by Science and Education Administration in cooperation with Northeast Cooperative Extension Services, and was written by Anne C. Marsh, Ruth N. Klippstein, and Sybil D. Kaplan"—Verso t.p.
Reprint. Originally published: The sodium content of your food. Washington, D. C. : U.S. Dept. of Agriculture, 1980. (Home and garden bulletin ; no. 233)
1. Food—Sodium content—Tables. I. Klippstein, Ruth. II. Kaplan, Sybil D. III. United States. Science and Education Administration. IV. United States. Northeast Cooperative Extension Services. V. Title. VI. Series: Home and garden bulletin ; no. 233.
TX553.S65M37 1985 641.1 84-21143
ISBN 0-486-24829-1

## Contents



Use of brand names in this publication is for identification only and does not imply endorsement by the U.S. Department of Agriculture.

## Introduction

Sodium is a mineral element necessary for proper body function. It is involved in maintaining blood volume and cellular osmotic pressure and in transmitting nerve impulses.

Body needs for sodium are not great. Intakes of 1,100 to 3,300 milligrams of sodium per day are considered safe and adequate for the healthy adult by the Food and Nutrition Board of the National Academy of Sciences—National Research Council. Most dietary sodium is found in the form of sodium chloride, the compound we know as table salt, which is 40 percent sodium and 60 percent chloride. One teaspoon of salt contains approximately 2,000 milligrams of sodium. Current estimates of daily sodium intake by individuals are between 2,300 to 6,900 milligrams (about 1 to 3 teaspoons or 6 to 17 grams of salt).

Many Americans consume more sodium than they need. "Nutrition and Your Health—Dietary Guidelines for Americans," published jointly by the Departments of Agriculture and Health, Education, and Welfare in February 1980, suggests that people should "avoid [eating] too much sodium."

Excess sodium in the diet is believed to contribute to high blood pressure or hypertension in some people. Control of body weight and restriction of sodium intake from foods, drinks, and drugs are among treatments prescribed by physicians to control high blood pressure.

This publication provides a table showing the sodium content of common foods (table 1), to help you figure out how much sodium is in your diet. Table 2 lists the sodium content of selected nonprescription drugs.

In addition to the salt we knowingly sprinkle on our food, many foods contain sodium as a part of their normal chemical composition. Household staples like baking powder and baking soda are sodium compounds. Some popular flavoring agents high in sodium are soy sauce, worcestershire sauce, catsup, pickles, olives, and garlic, onion, and celery salts.

Many processed foods contain added sodium. Salted or brined meats and fish are obviously higher in salt content than the uncured forms. Many canned vegetables are packed in a salt solution or brine.

Frozen vegetables are usually processed without added salt. However, starchy vegetables like lima beans and peas are frequently sorted in brine before freezing. Frozen vegetables with added sauces, mushrooms, or nuts are higher in sodium than the plain varieties.

Canned and frozen fruits are not usually processed with added salt, but some companies add small amounts of salt to prevent darkening of some fruits and to enhance flavor of applesauce. Some canned and frozen fruits, and most canned whole tomatoes, are dipped in sodium hydroxide so that they can be easily peeled. This process causes these foods to have higher sodium levels than are found in the fresh foods. Canned and bottled citrus drinks are sometimes buffered with sodium citrate. Sodium ion exchange is used in processing some wines to reduce sediment and clarify the product.

Chemical ingredients which contain sodium may be added during food processing. Some examples of these ingredients are monosodium glutamate or MSG (a flavor enhancer); sodium saccharin (a sweetener); sodium phosphates (emulsifiers, stabilizers, buffers); sodium citrate (a buffer); sodium caseinate (a thickener and binder); and sodium benzoate and sodium nitrite (preservatives).

It is especially important for persons on salt-restricted diets to read ingredient labels carefully to see which, if any, sodium compounds have been included in processed foods. Those items listed first on the label are present in the largest amounts. Nutritional information on labels of some foods, such as breakfast cereals, shows sodium values. To allow for variability among packages, cereal manufacturers may show higher values on packages of cereal than those shown in the table.

Some over-the-counter drugs, particularly antacids, contain sodium in significant amounts. Read labels carefully and ask your physician about using such drugs. Refer to table 2 for a list of selected nonprescription drugs and the amount of sodium each contains.

Many patients with high blood pressure take diuretics and are advised to increase their potassium intake to replenish that lost in the increased urine volume. Bananas and orange juice are frequently recommended for their potassium content. Most fresh vegetables, fruits, legumes, and uncured meats are also good sources of potassium and add only small amounts of sodium to the diet. If you are thinking of using a potassium substitute for common salt, you should consult your physician before doing so.

Another source of sodium is drinking water. The sodium content of drinking water varies considerably throughout the country. This variation also affects the sodium content of soft drinks and beer produced and bottled at different locations.

Water softeners raise the sodium content of water—the harder the water, the greater amount of sodium needed to soften it. In most States, the State department of public health can supply information on the sodium content of public water supplies and provide help in getting water from individual wells or water supplies analyzed.

This bulletin updates sodium values listed in "Composition of Foods," Agriculture Handbook No. 8 (1963), and includes values for additional food items. The values were obtained from published reports of laboratory analyses that used flame photometry, atomic absorption, or emission spectroscopy to find the sodium content of foods. These reports include data from industrial, scientific, and technical literature.

Because some products vary considerably in sodium content, table 1 gives representative values. Sodium values shown reflect current processing practices and typical product formulas. If these practices and formulas are changed, sodium values may change also.

Values given in table 1 are for unsalted products, unless specified. Cooked items have been prepared using unsalted water, even though the manufacturers' instructions may call for salt. Canned vegetable values are for total can contents of solids and liquids. The values reported are for common household measures of the foods and include metric equivalents.

Some labels may express sodium content in grams or milligrams. Here's how to convert these measurements and also how to measure the amount of sodium in salt.

## Salt and sodium conversions

| | |
|---|---|
| Grams to milligrams | Multiply weight in grams by 1,000 |
| Sodium into salt (NaCl) equivalent | Milligrams of sodium content ÷ .40 = milligrams of salt |
| Salt into sodium | Milligrams of salt × .40 = milligrams of sodium |
| Sodium in milligrams to sodium in milliequivalents[1] | Milligrams of sodium ÷ 23 (atomic weight of sodium) = milliequivalents of sodium |
| Milliequivalents of sodium to milligrams of sodium | Milliequivalents of sodium × 23 = milligrams of sodium |

[1]Medical prescriptions are often given as milliequivalents (mEq).

**Table 1—Sodium Content of Foods**

## Beverages and Fruit Juices

| Item | Food | Portion | Weight (grams) | Sodium (milligrams) |
|---|---|---|---|---|
| | Alcoholic: | | | |
| 1 | Beer------------------- | 12 fl oz----- | 360 | 25 |
| 2 | Gin, rum, whisky------- | 2 fl oz----- | 60 | 1 |
| | Wine: | | | |
| | Red: | | | |
| 3 | Domestic----------- | 4 fl oz----- | 120 | 12 |
| 4 | Imported----------- | 4 fl oz----- | 120 | 6 |
| 5 | Sherry--------------- | 4 fl oz----- | 120 | 14 |
| | White: | | | |
| 6 | Domestic----------- | 4 fl oz----- | 120 | 19 |
| 7 | Imported----------- | 4 fl oz----- | 120 | 2 |
| | Breakfast drink, instant: | | | |
| 8 | Grape------------------ | 8 fl oz----- | 240 | 0 |
| 9 | Citrus fruits---------- | 8 fl oz----- | 240 | 14 |
| | Carbonated: | | | |
| 10 | Club soda-------------- | 8 fl oz----- | 240 | 39 |
| | Cola: | | | |
| 11 | Regular-------------- | 8 fl oz----- | 240 | 16 |
| 12 | Low calorie---------- | 8 fl oz----- | 240 | 21 |
| | Fruit flavored: | | | |
| 13 | Regular-------------- | 8 fl oz----- | 240 | 34 |
| 14 | Low calorie---------- | 8 fl oz----- | 240 | 46 |
| 15 | Ginger ale------------- | 8 fl oz----- | 240 | 13 |
| 16 | Root beer-------------- | 8 fl oz----- | 240 | 24 |
| 17 | Cocoa mix, water added--- | 8 fl oz----- | 240 | 232 |
| | Coffee: | | | |
| 18 | Brewed----------------- | 8 fl oz----- | 240 | 2 |
| | Instant: | | | |
| 19 | Regular-------------- | 8 fl oz----- | 240 | 1 |
| 20 | Decaffeinated-------- | 8 fl oz----- | 240 | 1 |
| 21 | With chicory--------- | 8 fl oz----- | 240 | 7 |
| 22 | With flavorings------ | 8 fl oz----- | 240 | 124 |
| 23 | Substitute------------- | 8 fl oz----- | 240 | 3 |

| Item | Food | Portion | Weight (grams) | Sodium (milligrams) |
|---|---|---|---|---|
| | Fruit drinks, canned: | | | |
| 24 | Apple | 8 fl oz | 240 | 16 |
| 25 | Cranberry juice cocktail | 8 fl oz | 240 | 4 |
| 26 | Grape | 8 fl oz | 240 | 1 |
| 27 | Lemonade | 8 fl oz | 240 | 60 |
| 28 | Orange | 8 fl oz | 240 | 77 |
| 29 | Pineapple-grapefruit | 8 fl oz | 240 | 80 |
| | Fruit drinks, dehydrated, reconstituted: | | | |
| | Sweetened: | | | |
| 30 | Lemonade | 8 fl oz | 240 | 50 |
| 31 | Orange | 8 fl oz | 240 | 35 |
| 32 | Other fruit | 8 fl oz | 240 | 0 |
| 33 | Unsweetened, all flavors | 8 fl oz | 240 | 0 |
| | Fruit juices: | | | |
| 34 | Apple cider or juice | 1 cup | 248 | 5 |
| 35 | Apricot nectar | 1 cup | 251 | 9 |
| | Citrus: | | | |
| | Grapefruit juice: | | | |
| 36 | Canned | 1 cup | 250 | 4 |
| 37 | Frozen, diluted | 1 cup | 247 | 5 |
| | Lemon or lime juice: | | | |
| 38 | Canned | 1 cup | 244 | 2 |
| 39 | Frozen, diluted | 1 cup | 248 | 4 |
| | Orange juice: | | | |
| 40 | Canned | 1 cup | 249 | 5 |
| 41 | Frozen, diluted | 1 cup | 249 | 5 |
| 42 | Tangerine juice | 1 cup | 249 | 2 |
| 43 | Grape juice, bottled | 1 cup | 253 | 8 |
| 44 | Peach nectar | 1 cup | 249 | 10 |
| 45 | Pear nectar | 1 cup | 250 | 8 |
| 46 | Pineapple juice | 1 cup | 250 | 5 |
| 47 | Prune juice | 1 cup | 256 | 5 |
| 48 | Mineral water, imported | 8 fl oz | 240 | 42 |

| Item | Food | Portion | Weight (grams) | Sodium (milligrams) |
|---|---|---|---|---|
| | Tea: | | | |
| | Hot: | | | |
| 49 | Brewed--------------- | 8 fl oz----- | 240 | 1 |
| 50 | Instant-------------- | 8 fl oz----- | 240 | 2 |
| | Iced: | | | |
| 51 | Canned--------------- | 8 fl oz----- | 240 | 9 |
| | Powdered, lemon flavored: | | | |
| 52 | Sugar sweetened-- | 8 fl oz----- | 240 | 1 |
| 53 | Low calorie------ | 8 fl oz----- | 240 | 15 |
| 54 | Thirst quencher---------- | 8 fl oz----- | 240 | 140 |

# Dairy Products

| Item | Food | Portion | Weight (grams) | Sodium (milligrams) |
|---|---|---|---|---|
| | Cheese: | | | |
| | Natural: | | | |
| 55 | Blue | 1 oz | 28 | 396 |
| 56 | Brick | 1 oz | 28 | 159 |
| 57 | Brie | 1 oz | 28 | 178 |
| 58 | Camembert | 1 oz | 28 | 239 |
| | Cheddar: | | | |
| 59 | Regular | 1 oz | 28 | 176 |
| 60 | Low sodium | 1 oz | 28 | 6 |
| 61 | Colby | 1 oz | 28 | 171 |
| | Cottage: | | | |
| 62 | Regular and lowfat | 4 oz | 113 | 457 |
| 63 | Dry curd, unsalted | 4 oz | 113 | 14 |
| 64 | Cream | 1 oz | 28 | 84 |
| 65 | Edam | 1 oz | 28 | 274 |
| 66 | Feta | 1 oz | 28 | 316 |
| 67 | Gouda | 1 oz | 28 | 232 |
| 68 | Gruyere | 1 oz | 28 | 95 |
| 69 | Limburger | 1 oz | 28 | 227 |
| 70 | Monterey | 1 oz | 28 | 152 |
| | Mozzarella, from: | | | |
| 71 | Whole milk | 1 oz | 28 | 106 |
| 72 | Part skim milk | 1 oz | 28 | 132 |
| 73 | Muenster | 1 oz | 28 | 178 |
| 74 | Neufchatel | 1 oz | 28 | 113 |
| | Parmesan: | | | |
| 75 | Grated | 1 oz | 28 | 528 |
| 76 | Hard | 1 oz | 28 | 454 |
| 77 | Provolone | 1 oz | 28 | 248 |
| | Ricotta, made with: | | | |
| 78 | Whole milk | 1/2 cup | 124 | 104 |
| 79 | Part skim milk | 1/2 cup | 124 | 155 |
| 80 | Roquefort | 1 oz | 28 | 513 |
| 81 | Swiss | 1 oz | 28 | 74 |
| 82 | Tilsit | 1 oz | 28 | 213 |

| Item | Food | Portion | Weight (grams) | Sodium (milligrams) |
|---|---|---|---|---|
| | Pasteurized processed cheese: | | | |
| 83 | American------------- | 1 oz-------- | 28 | 406 |
| 84 | Low sodium----------- | 1 oz-------- | 28 | 2 |
| 85 | Swiss---------------- | 1 oz-------- | 28 | 388 |
| | Cheese food: | | | |
| 86 | American-------------- | 1 oz-------- | 28 | 337 |
| 87 | Swiss----------------- | 1 oz-------- | 28 | 440 |
| | Cheese spread: | | | |
| 88 | American-------------- | 1 oz-------- | 28 | 381 |
| | Cream, sweet: | | | |
| 89 | Fluid, all types------- | 1 tbsp------ | 15 | 6 |
| 90 | Whipped---------------- | 1 tbsp------ | 3 | 4 |
| 91 | Cream, sour, cultured---- | 1 tbsp------ | 12 | 6 |
| | Cream products, imitation: | | | |
| | Sweet: | | | |
| | Coffee whitener: | | | |
| 92 | Liquid------------- | 1 tbsp------ | 15 | 12 |
| 93 | Powdered----------- | 1 tbsp------ | 6 | 12 |
| 94 | Whipped Topping------ | 1 tbsp------ | 4 | 2 |
| 95 | Sour, cultured--------- | 1 oz-------- | 28 | 29 |
| | Milk: | | | |
| | Fluid: | | | |
| 96 | Whole and lowfat----- | 1 cup------- | 244 | 122 |
| 97 | Whole, low sodium---- | 1 cup------- | 244 | 6 |
| | Buttermilk, cultured: | | | |
| 98 | Salted------------- | 1 cup------- | 245 | 257 |
| 99 | Unsalted----------- | 1 cup------- | 245 | 122 |
| | Canned: | | | |
| | Evaporated: | | | |
| 100 | Whole-------------- | 1 cup------- | 252 | 266 |
| 101 | Skim--------------- | 1 cup------- | 255 | 294 |
| 102 | Sweetened, condensed- | 1 cup------- | 306 | 389 |
| | Dry: | | | |
| | Nonfat: | | | |
| 103 | Regular------------ | 1/2 cup----- | 60 | 322 |
| 104 | Instantized-------- | 1 cup------- | 68 | 373 |
| 105 | Buttermilk----------- | 1/2 cup----- | 60 | 310 |

| Item | Food | Portion | Weight (grams) | Sodium (milligrams) |
|---|---|---|---|---|
| | Milk beverages: | | | |
| 106 | Chocolate | 1 cup | 250 | 149 |
| 107 | Cocoa, hot | 1 cup | 250 | 123 |
| 108 | Eggnog | 1 cup | 254 | 138 |
| | Malted: | | | |
| 109 | Natural flavor | 1 cup | 265 | 215 |
| 110 | Chocolate flavor | 1 cup | 265 | 168 |
| | Shakes, thick: | | | |
| 111 | Chocolate or vanilla | 1 shake | 306 | 317 |
| | Milk desserts, frozen | | | |
| | Ice cream: | | | |
| 112 | Chocolate | 1 cup | 133 | 75 |
| 113 | Custard, French | 1 cup | 133 | 84 |
| 114 | Strawberry | 1 cup | 133 | 77 |
| | Vanilla: | | | |
| 115 | French, softserve | 1 cup | 173 | 153 |
| 116 | Hardened | 1 cup | 140 | 112 |
| | Ice milk: | | | |
| | Vanilla: | | | |
| 117 | Hardened | 1 cup | 131 | 105 |
| 118 | Soft serve | 1 cup | 175 | 163 |
| | Novelty products: | | | |
| | Bars: | | | |
| 119 | Fudge | 1 bar | 73 | 54 |
| 120 | Orange cream | 1 bar | 66 | 27 |
| | Vanilla, chocolate coated: | | | |
| 121 | Ice cream | 1 bar | 47 | 24 |
| 122 | Ice milk | 1 bar | 50 | 31 |
| 123 | Cones, vanilla, chocolate coated | 1 small | 71 | 64 |
| 124 | Sandwich | 1 sandwich | 62 | 92 |
| 125 | Sherbet, orange | 1 cup | 193 | 89 |

| Item | Food | Portion | Weight (grams) | Sodium (milligrams) |
|---|---|---|---|---|
| | Milk desserts, other: | | | |
| 126 | Custard, baked---------- | 1 cup------- | 265 | 209 |
| | Puddings: | | | |
| | Butterscotch: | | | |
| 127 | Regular, whole milk- | 1/2 cup----- | 148 | 245 |
| 128 | Instant, whole milk- | 1/2 cup----- | 149 | 445 |
| 129 | LoCal, skim milk---- | 1/2 cup----- | 130 | 130 |
| 130 | Ready-to-serve------ | 1 can------- | 142 | 290 |
| | Chocolate: | | | |
| 131 | Home recipe--------- | 1/2 cup----- | 130 | 73 |
| 132 | Regular, whole milk- | 1/2 cup----- | 148 | 195 |
| 133 | Instant, whole milk- | 1/2 cup----- | 149 | 470 |
| 134 | LoCal, skim milk---- | 1/2 cup----- | 130 | 80 |
| 135 | Ready-to-serve------ | 1 can------- | 142 | 262 |
| | Vanilla: | | | |
| 136 | Home recipe--------- | 1/2 cup----- | 128 | 83 |
| 137 | Regular, whole milk- | 1/2 cup----- | 148 | 200 |
| 138 | Instant, whole milk- | 1/2 cup----- | 149 | 400 |
| 139 | LoCal, skim milk---- | 1/2 cup----- | 130 | 115 |
| 140 | Ready-to-serve------ | 1 can------- | 142 | 279 |
| 141 | Tapioca, cooked------- | 1/2 cup----- | 145 | 130 |
| | Yogurt: | | | |
| | Plain: | | | |
| 142 | Regular--------------- | 8 oz-------- | 227 | 105 |
| 143 | Lowfat---------------- | 8 oz-------- | 227 | 159 |
| 144 | Skim milk------------- | 8 oz-------- | 227 | 174 |
| 145 | With fruit-------------- | 8 oz-------- | 227 | 133 |

## Eggs, Fish, Shellfish, Meat, Poultry, and Related Products

| Item | Food | Portion | Weight (grams) | Sodium (milligrams) |
|---|---|---|---|---|
| | Eggs: | | | |
| 146 | Whole | 1 egg | 50 | 59 |
| 147 | White | 1 white | 33 | 50 |
| 148 | Yolk | 1 yolk | 17 | 9 |
| 149 | Substitute, frozen | 1/4 cup | 60 | 120 |
| | Fish: | | | |
| 150 | Bass, black sea, raw | 3 oz | 85 | 57 |
| | Bluefish: | | | |
| 151 | Baked with butter | 3 oz | 85 | 87 |
| 152 | Breaded, fried | 3 oz | 85 | 123 |
| 153 | Bonito, canned | 3 oz | 85 | 437 |
| 154 | Catfish, raw | 3 oz | 85 | 50 |
| 155 | Cod, broiled with butter | 3 oz | 85 | 93 |
| 156 | Eel, raw | 3 oz | 85 | 67 |
| | Flounder (includes sole and other flat fish) | | | |
| 157 | baked with butter | 3 oz | 85 | 201 |
| 158 | Haddock, breaded, fried | 3 oz | 85 | 150 |
| | Halibut, broiled | | | |
| 159 | with butter | 3 oz | 85 | 114 |
| 160 | Herring, smoked | 3 oz | 85 | 5,234 |
| 161 | Lingcod, raw | 3 oz | 85 | 50 |
| 162 | Mackerel, raw | 3 oz | 85 | 40 |
| 163 | Mullet, breaded, fried | 3 oz | 85 | 83 |
| 164 | Ocean perch, fried | 3 oz | 85 | 128 |
| 165 | Pollock, creamed | 3 oz | 85 | 94 |
| 166 | Pompano, cooked | 3 oz | 85 | 48 |
| 167 | Rockfish, ovensteamed | 3 oz | 85 | 57 |
| | Salmon: | | | |
| 168 | Broiled with butter | 3 oz | 85 | 99 |
| | Canned: | | | |
| | Salt added: | | | |
| 169 | Pink | 3 oz | 85 | 443 |
| 170 | Red | 3 oz | 85 | 329 |
| 171 | Silver | 3 oz | 85 | 298 |
| 172 | Without salt added | 3 oz | 85 | 41 |

| Item | Food | Portion | Weight (grams) | Sodium (milligrams) |
|---|---|---|---|---|
| | Sardines, canned: | | | |
| 173 | Drained | 3 oz | 85 | 552 |
| 174 | In tomato sauce | 3 oz | 85 | 338 |
| 175 | Shad, baked with butter | 3 oz | 85 | 66 |
| 176 | Snapper, raw | 3 oz | 85 | 56 |
| 177 | Trout, lake, raw | 3 oz | 85 | 67 |
| | Tuna, canned: | | | |
| | Light meat, chunk: | | | |
| 178 | Oil pack | 3 oz | 85 | 303 |
| 179 | Water pack | 3 oz | 85 | 288 |
| 180 | Grated | 3 oz | 85 | 246 |
| | White meat (Albacore) | | | |
| 181 | Chunk, low sodium | 3 oz | 85 | 34 |
| | Solid: | | | |
| 182 | Oil pack | 3 oz | 85 | 384 |
| 183 | Water pack | 3 oz | 85 | 309 |
| | Shellfish: | | | |
| | Clams, raw: | | | |
| 184 | Hard | 3 oz | 85 | 174 |
| 185 | Soft | 3 oz | 85 | 30 |
| | Crab: | | | |
| 186 | Canned, drained | 3 oz | 85 | 425 |
| 187 | Steamed | 3 oz | 85 | 314 |
| 188 | Lobster, boiled | 3 oz | 85 | 212 |
| 189 | Mussels, raw | 3 oz | 85 | 243 |
| | Oysters: | | | |
| 190 | Raw | 3 oz | 85 | 113 |
| 191 | Fried | 3 oz | 85 | 174 |
| 192 | Frozen | 3 oz | 85 | 323 |
| | Scallops: | | | |
| 193 | Raw | 3 oz | 85 | 217 |
| 194 | Steamed | 3 oz | 85 | 225 |
| | Shrimp: | | | |
| 195 | Raw | 3 oz | 85 | 137 |
| 196 | Fried | 3 oz | 85 | 159 |
| 197 | Canned | 3 oz | 85 | 1,955 |
| 198 | Squid, dried | 1 serving | 4 | 183 |

| Item | Food | Portion | Weight (grams) | Sodium (milligrams) |
|---|---|---|---|---|
| | Meat: | | | |
| | Beef: | | | |
| 199 | Cooked, lean | 3 oz | 85 | 55 |
| | Corned: | | | |
| 200 | Cooked | 3 oz | 85 | 802 |
| 201 | Canned | 3 oz | 85 | 893 |
| 202 | Dried, chipped | 1 oz | 28 | 1,219 |
| 203 | Lamb, cooked, lean | 3 oz | 85 | 58 |
| | Pork: | | | |
| | Cured: | | | |
| | Bacon: | | | |
| 204 | Cooked | 2 slices | 14 | 274 |
| 205 | Canadian | 1 slice | 28 | 394 |
| 206 | Ham | 3 oz | 85 | 1,114 |
| 207 | Salt pork, raw | 1 oz | 28 | 399 |
| 208 | Fresh, cooked, lean | 3 oz | 85 | 59 |
| 209 | Veal, cooked, lean | 3 oz | 85 | 69 |
| | Organ meats: | | | |
| 210 | Brain, raw | 1 oz | 28 | 35 |
| 211 | Gizzard, poultry, simmered | 1 oz | 28 | 17 |
| | Heart: | | | |
| 212 | Beef, braised | 1 oz | 28 | 29 |
| 213 | Calf, braised | 1 oz | 28 | 32 |
| 214 | Poultry, simmered | 1 oz | 28 | 14 |
| 215 | Kidney, beef, braised | 1 oz | 28 | 71 |
| | Liver: | | | |
| 216 | Calf, fried | 1 oz | 28 | 33 |
| 217 | Pork, simmered | 1 oz | 28 | 14 |
| 218 | Poultry, simmered | 1 oz | 28 | 16 |
| 219 | Sweetbreads, calf, cooked | 1 oz | 28 | 32 |
| 220 | Tongue, beef, braised | 1 oz | 28 | 17 |
| | Tripe: | | | |
| 221 | Commercial | 1 oz | 28 | 13 |

| Item | Food | Portion | Weight (grams) | Sodium (milligrams) |
|---|---|---|---|---|
| | Poultry and game: | | | |
| | Chicken, roasted: | | | |
| 222 | Breast with skin----- | 1/2 breast-- | 98 | 69 |
| 223 | Drumstick with skin-- | 1 drumstick- | 52 | 47 |
| | Products: | | | |
| 224 | Canned------------- | 1 5-oz can-- | 142 | 714 |
| 225 | Frankfurter-------- | 1 frankfurter | 45 | 617 |
| | Duck, roasted, flesh | | | |
| 226 | and skin------------- | 1/2 duck---- | 382 | 227 |
| | Goose, roasted, flesh | | | |
| 227 | and skin------------- | 1/2 goose--- | 774 | 543 |
| | Rabbit: | | | |
| 228 | Leg, raw------------- | 4 oz-------- | 113 | 40 |
| 229 | Flesh, cooked-------- | 4 oz-------- | 113 | 70 |
| | Turkey, small, roasted: | | | |
| 230 | Breast with skin----- | 1/2 breast-- | 344 | 182 |
| 231 | Leg with skin-------- | 1 leg------- | 245 | 195 |
| | Sausages, luncheon meats, and spreads: | | | |
| 232 | Beer salami, beef------ | 1 slice----- | 6 | 56 |
| | Bologna: | | | |
| 233 | Beef----------------- | 1 slice----- | 22 | 220 |
| 234 | Beef and pork-------- | 1 slice----- | 22 | 224 |
| 235 | Bratwurst, cooked------ | 1 oz-------- | 28 | 158 |
| 236 | Braunschweiger--------- | 1 slice----- | 28 | 324 |
| 237 | Bratwurst-------------- | 1 oz-------- | 28 | 315 |
| 238 | Chicken spread--------- | 1 oz-------- | 28 | 115 |
| 239 | Frankfurter------------ | 1 frankfurter | 57 | 639 |
| | Ham: | | | |
| 240 | And cheese loaf------ | 1 oz-------- | 28 | 381 |
| 241 | Chopped-------------- | 1 slice----- | 21 | 288 |
| 242 | Deviled-------------- | 1 oz-------- | 28 | 253 |
| 243 | Spread--------------- | 1 oz-------- | 28 | 258 |
| 244 | Kielbasa--------------- | 1 slice----- | 26 | 280 |
| 245 | Knockwurst------------- | 1 link------ | 68 | 687 |
| 246 | Lebanon bologna-------- | 1 slice----- | 18 | 228 |

| Item | Food | Portion | Weight (grams) | Sodium (milligrams) |
|---|---|---|---|---|
| 247 | Liver cheese----------- | 1 slice----- | 20 | 245 |
| 248 | Old fashioned loaf----- | 1 slice----- | 22 | 275 |
| 249 | Olive loaf------------- | 1 slice----- | 21 | 312 |
| 250 | Pepperoni-------------- | 1 slice----- | 6 | 122 |
| | Salami: | | | |
| | Cooked: | | | |
| 251 | Beef--------------- | 1 slice----- | 22 | 255 |
| 252 | Beef and pork------ | 1 slice----- | 22 | 234 |
| 253 | Dry or hard, pork---- | 1 slice----- | 10 | 226 |
| | Sausage: | | | |
| | Cooked: | | | |
| 254 | Pork--------------- | 1 link------ | 13 | 168 |
| 255 | Pork and beef------ | 1 patty----- | 27 | 217 |
| 256 | Smoked--------------- | 1 link------ | 28 | 264 |
| 257 | Thuringer-------------- | 1 slice----- | 22 | 320 |
| 258 | Tuna spread------------ | 1 oz-------- | 28 | 92 |
| 259 | Turkey roll------------ | 1 oz-------- | 28 | 166 |
| 260 | Vienna sausage--------- | 1 link------ | 16 | 152 |
| | Prepared main dishes: | | | |
| | Beef: | | | |
| | And macaroni: | | | |
| 261 | Frozen------------- | 6 oz-------- | 170 | 673 |
| 262 | Canned------------- | 1 cup------- | 227 | 1,185 |
| | Cabbage, stuffed, | | | |
| 263 | frozen------------- | 8 oz-------- | 226 | 63 |
| | Chili con carne with beans, canned: | | | |
| 264 | Regular----------- | 1 cup------- | 255 | 1,194 |
| 265 | Low sodium-------- | 1 cup------- | 335 | 100 |
| | Dinners, frozen: | | | |
| 266 | Beef--------------- | 1 dinner---- | 312 | 998 |
| 267 | Meat loaf---------- | 1 dinner---- | 312 | 1,304 |
| 268 | Sirloin, chopped--- | 1 dinner---- | 284 | 978 |
| 269 | Swiss steak-------- | 1 dinner---- | 284 | 682 |
| 270 | Enchiladas----------- | 1 pkg------- | 207 | 725 |
| 271 | Goulash, canned------ | 8 oz-------- | 227 | 1,032 |

| Item | Food | Portion | Weight (grams) | Sodium (milligrams) |
|---|---|---|---|---|
| | Hash, corned beef, | | | |
| 272 | canned------------- | 1 cup------- | 220 | 1,520 |
| 273 | Meatballs, Swedish--- | 8 oz-------- | 227 | 1,880 |
| | Peppers, stuffed, | | | |
| 274 | frozen------------- | 8 oz-------- | 226 | 1,001 |
| | Pizza, frozen: | | | |
| 275 | With pepperoni----- | 1/2 pie----- | 195 | 813 |
| 276 | With sausage------- | 1/2 pie----- | 189 | 967 |
| | Pot pie: | | | |
| 277 | Home baked--------- | 1 pie------- | 227 | 644 |
| 278 | Frozen------------- | 1 pie------- | 227 | 1,093 |
| 279 | Ravioli, canned------ | 7.5 oz------ | 213 | 1,065 |
| | Spaghetti, canned: | | | |
| 280 | And ground beef---- | 7.5 oz------ | 213 | 1,054 |
| 281 | And meatballs------ | 7.5 oz------ | 213 | 942 |
| 282 | Sauce-------------- | 4 oz-------- | 114 | 856 |
| 283 | Stew, canned--------- | 8 oz-------- | 227 | 980 |
| | Chicken: | | | |
| 284 | And dumplings, frozen | 12 oz------- | 340 | 1,506 |
| 285 | And noodles, frozen-- | 3/4 cup----- | 180 | 662 |
| 286 | Chow mein, home recipe | 1 cup------- | 250 | 718 |
| 287 | Dinner, frozen------- | 1 dinner---- | 312 | 1,153 |
| | Pot pie: | | | |
| 288 | Home recipe-------- | 1 pie------- | 232 | 594 |
| 289 | Frozen------------- | 1 pie------- | 227 | 907 |
| | Fish and shellfish: | | | |
| 290 | Fish dinner, frozen-- | 1 dinner---- | 248 | 1,212 |
| | Shrimp: | | | |
| 291 | Dinner, frozen----- | 1 dinner---- | 223 | 758 |
| 292 | Egg roll, frozen--- | 1 roll------ | 71 | 648 |
| 293 | Tuna, pot pie, frozen | 1 pie------- | 227 | 715 |

| Item | Food | Portion | Weight (grams) | Sodium (milligrams) |
|---|---|---|---|---|
| | Pork, sweet and sour | | | |
| 294 | canned | 1 cup | 275 | 1,968 |
| | Turkey: | | | |
| 295 | Dinner, frozen | 1 dinner | 333 | 1,228 |
| | Pot pie: | | | |
| 296 | Home recipe | 1 pie | 227 | 620 |
| 297 | Frozen | 1 pie | 233 | 1,018 |
| 298 | Veal Parmigiana | 7.5 oz | 214 | 1,825 |
| | Without meat: | | | |
| | Chow mein, vegetable, | | | |
| 299 | frozen | 1 cup | 240 | 1,273 |
| 300 | Pizza, cheese | 1/4 12-in pie | 90 | 447 |
| 301 | Spanish rice, canned | 1 cup | 221 | 1,370 |
| | Fast foods: | | | |
| 302 | Cheeseburger | 1 each | 111 | 709 |
| 303 | Chicken dinner | 1 portion | 410 | 2,243 |
| 304 | Fish sandwich | 1 sandwich | 164 | 882 |
| 305 | French fries | 2-1/2 oz | 69 | 146 |
| | Hamburger: | | | |
| 306 | Regular | 1 each | 92 | 461 |
| 307 | Jumbo | 1 each | 236 | 990 |
| 308 | Frankfurter | 1 frankfurter | 93 | 728 |
| 309 | Pizza, cheese | 1/4 pie | 110 | 599 |
| 310 | Shake | 1 shake | 308 | 266 |
| 311 | Taco | 1 taco | 75 | 401 |

## Fruits

| Item | Food | Portion | Weight (grams) | Sodium (milligrams) |
|---|---|---|---|---|
| | Apples: | | | |
| 312 | Raw or baked----------- | 1 apple------ | 138 | 2 |
| 313 | Frozen, slices--------- | 1 cup-------- | 200 | 28 |
| 314 | Frozen, scalloped------ | 8 oz--------- | 227 | 45 |
| 315 | Dried, sulfured-------- | 8 oz--------- | 227 | 210 |
| | Applesauce, canned: | | | |
| 316 | Sweetened-------------- | 1 cup-------- | 250 | 6 |
| 317 | Unsweetened------------ | 1 cup-------- | 250 | 5 |
| 318 | With added salt-------- | 1 cup-------- | 250 | 68 |
| | Apricots: | | | |
| 319 | Raw-------------------- | 3 apricots--- | 114 | 1 |
| | Canned: | | | |
| 320 | Peeled--------------- | 1 cup-------- | 258 | 27 |
| 321 | Unpeeled------------- | 1 cup-------- | 258 | 10 |
| 322 | Dried------------------ | 1 cup-------- | 130 | 12 |
| 323 | Avocado, raw------------- | 1 avocado---- | 216 | 22 |
| 324 | Banana, raw-------------- | 1 banana----- | 119 | 2 |
| | Berries: | | | |
| | Blackberries (Boysenberries) | | | |
| 325 | Raw------------------ | 1 cup-------- | 144 | 1 |
| 326 | Canned--------------- | 1 cup-------- | 244 | 3 |
| | Blueberries: | | | |
| 327 | Raw------------------ | 1 cup-------- | 145 | 1 |
| 328 | Canned--------------- | 1 cup-------- | 250 | 2 |
| | Raspberries: | | | |
| 329 | Raw------------------ | 1 cup-------- | 123 | 1 |
| 330 | Frozen--------------- | 1 package---- | 284 | 3 |
| | Strawberries: | | | |
| 331 | Raw------------------ | 1 cup-------- | 149 | 2 |
| 332 | Frozen, sliced------- | 1 cup-------- | 255 | 6 |
| | Cherries: | | | |
| 333 | Raw-------------------- | 1 cup-------- | 150 | 1 |
| 334 | Frozen----------------- | 8 oz--------- | 227 | 3 |
| 335 | Canned----------------- | 1 cup-------- | 257 | 10 |

| Item | Food | Portion | Weight (grams) | Sodium (milligrams) |
|---|---|---|---|---|
| | Citrus: | | | |
| | Grapefruit: | | | |
| 336 | Raw------------------ | 1/2 grapefruit | 120 | 1 |
| 337 | Frozen, unsweetened-- | 1 cup-------- | 244 | 6 |
| 338 | Canned, sweetened---- | 1 cup-------- | 254 | 4 |
| 339 | Kumquat---------------- | 1 kumquat---- | 19 | 1 |
| 340 | Lemon, raw------------- | 1 lemon------ | 74 | 1 |
| 341 | Oranges, raw----------- | 1 orange----- | 131 | 1 |
| 342 | Tangelo---------------- | 1 tangelo---- | 95 | 1 |
| 343 | Tangerine-------------- | 1 tangerine-- | 86 | 1 |
| 344 | Cranberry, raw----------- | 1 cup-------- | 95 | 1 |
| 345 | Cranberry sauce---------- | 1 cup-------- | 277 | 75 |
| | Currant: | | | |
| 346 | Raw-------------------- | 1 cup-------- | 133 | 3 |
| 347 | Dried------------------ | 1 cup-------- | 140 | 10 |
| 348 | Dates, dried------------- | 10 dates----- | 80 | 1 |
| | Figs: | | | |
| 349 | Raw-------------------- | 1 fig-------- | 50 | 2 |
| 350 | Canned----------------- | 1 cup-------- | 248 | 3 |
| 351 | Dried------------------ | 1 fig-------- | 20 | 2 |
| 352 | Fruit cocktail, canned--- | 1 cup-------- | 255 | 15 |
| 353 | Grapes, Thompson seedless | 10 grapes---- | 50 | 1 |
| 354 | Mangos, raw-------------- | 1 mango------ | 200 | 1 |
| | Muskmelon: | | | |
| 355 | Cantaloup-------------- | 1/2 melon---- | 272 | 24 |
| 356 | Casaba----------------- | 1/5 melon---- | 230 | 34 |
| 357 | Honeydew--------------- | 1/5 melon---- | 298 | 28 |
| 358 | Nectarines, raw---------- | 1 nectarine-- | 138 | 1 |
| 359 | Papaya, raw-------------- | 1 papaya----- | 303 | 8 |
| | Peaches: | | | |
| 360 | Raw-------------------- | 1 peach------ | 100 | 1 |
| 361 | Frozen----------------- | 1 cup-------- | 250 | 10 |
| 362 | Canned----------------- | 1 cup-------- | 256 | 15 |
| 363 | Dried, uncooked-------- | 1 cup-------- | 160 | 10 |

| Item | Food | Portion | Weight (grams) | Sodium (milligrams) |
|---|---|---|---|---|
| | Pears: | | | |
| 364 | Raw------------------- | 1 pear------- | 168 | 1 |
| 365 | Canned---------------- | 1 cup-------- | 255 | 15 |
| 366 | Dried----------------- | 1 cup-------- | 180 | 10 |
| | Pineapple: | | | |
| 367 | Raw------------------- | 1 cup-------- | 135 | 1 |
| 368 | Canned---------------- | 1 cup-------- | 255 | 7 |
| | Plums: | | | |
| 369 | Raw------------------- | 1 plum------- | 66 | 1 |
| 370 | Canned---------------- | 1 cup-------- | 256 | 10 |
| | Prunes: | | | |
| 371 | Cooked---------------- | 1 cup-------- | 213 | 8 |
| 372 | Dried----------------- | 5 large------ | 43 | 2 |
| 373 | Raisins, seedless-------- | 1 cup-------- | 145 | 17 |
| | Rhubarb: | | | |
| 374 | Cooked, sugared-------- | 1 cup-------- | 270 | 5 |
| 375 | Frozen---------------- | 1 cup-------- | 270 | 5 |
| 376 | Watermelon-------------- | 1/16 melon--- | 426 | 8 |

## Grain Products

| Item | Food | Portion | Weight (grams) | Sodium (milligrams) |
|---|---|---|---|---|
| 377 | Barley, pearled, cooked | 1 cup | 200 | 6 |
| | Biscuits, baking powder: | | | |
| 378 | Regular flour | 1 biscuit | 28 | 175 |
| 379 | Self rising flour | 1 biscuit | 28 | 185 |
| 380 | With milk from mix | 1 biscuit | 28 | 272 |
| 381 | Low sodium | 1 biscuit | 28 | 1 |
| | Bread: | | | |
| 382 | Boston brown | 1 slice | 45 | 120 |
| 383 | Corn, homemade | 1 oz | 28 | 176 |
| 384 | Cracked wheat | 1 slice | 25 | 148 |
| 385 | French | 1 slice | 23 | 116 |
| 386 | Mixed grain | 1 slice | 23 | 138 |
| 387 | Pita | 1 loaf | 64 | 132 |
| | Rye: | | | |
| 388 | Regular | 1 slice | 25 | 139 |
| 389 | Pumpernickel | 1 slice | 32 | 182 |
| 390 | Salt rising | 1 slice | 26 | 66 |
| | White: | | | |
| 391 | Regular | 1 slice | 25 | 114 |
| 392 | Thin | 1 slice | 16 | 79 |
| 393 | Low sodium | 1 slice | 23 | 7 |
| 394 | Whole wheat | 1 slice | 25 | 132 |
| | Breakfast cereals: | | | |
| | Hot, cooked, in unsalted water: | | | |
| | Corn (hominy) grits: | | | |
| 395 | Regular | 1 cup | 236 | 1 |
| 396 | Instant | 3/4 cup | 177 | 354 |
| | Cream of Wheat: | | | |
| 397 | Regular | 3/4 cup | 184 | 2 |
| 398 | Instant | 3/4 cup | 184 | 5 |
| 399 | Quick | 3/4 cup | 184 | 126 |
| 400 | Mix 'n eat | 3/4 cup | 184 | 350 |
| 401 | Farina | 3/4 cup | 184 | 1 |

| Item | Food | Portion | Weight (grams) | Sodium (milligrams) |
|---|---|---|---|---|
| | Oatmeal: | | | |
| 402 | Regular or quick--- | 3/4 cup----- | 180 | 1 |
| | Instant: | | | |
| 403 | No sodium added-- | 3/4 cup----- | 180 | 1 |
| 404 | Sodium added----- | 3/4 cup----- | 180 | 283 |
| 405 | With apples and cinnamon------- | 3/4 cup----- | 180 | 220 |
| 406 | With maple and brown sugar---- | 3/4 cup----- | 180 | 277 |
| 407 | With raisins and spice---------- | 3/4 cup----- | 180 | 223 |
| | Ready-to-eat: | | | |
| | Bran cereals: | | | |
| 408 | All-Bran----------- | 1/3 cup----- | 28 | 160 |
| 409 | Bran Chex --------- | 2/3 cup----- | 28 | 262 |
| 410 | 40% Bran----------- | 2/3 cup----- | 28 | 251 |
| 411 | 100% Bran---------- | 1/2 cup----- | 28 | 221 |
| 412 | Raisin Bran-------- | 1/2 cup----- | 28 | 209 |
| 413 | Cheerios------------- | 1-1/4 cup--- | 28 | 304 |
| | Corn cereals: | | | |
| 414 | Corn Chex---------- | 1 cup------- | 28 | 297 |
| | Corn flakes: | | | |
| 415 | Low sodium------- | 1-1/4 cup--- | 28 | 10 |
| 416 | Regular---------- | 1 cup------- | 28 | 256 |
| 417 | Sugar coated----- | 3/4 cup----- | 28 | 274 |
| 418 | Sugar Corn Pops---- | 1 cup------- | 28 | 105 |
| | Granola: | | | |
| 419 | Regular------------ | 1/4 cup----- | 34 | 61 |
| 420 | No sodium added---- | 1/4 cup----- | 34 | 16 |
| 421 | Kix------------------ | 1-1/2 cup--- | 28 | 261 |
| 422 | Life----------------- | 2/3 cup----- | 28 | 146 |
| 423 | Product 19----------- | 3/4 cup----- | 28 | 175 |
| | Rice cereals: | | | |
| 424 | Low sodium--------- | 1 cup------- | 28 | 10 |
| 425 | Puffed rice-------- | 2 cups------ | 28 | 2 |
| 426 | Rice Chex---------- | 1-1/8 cup-- | 28 | 238 |

| Item | Food | Portion | Weight (grams) | Sodium (milligrams) |
|---|---|---|---|---|
| 427 | Rice Krispies------ | 1 cup------- | 28 | 340 |
| 428 | Sugar coated------- | 7/8 cup----- | 28 | 149 |
| 429 | Special K----------- | 1-1/4 cup--- | 28 | 265 |
| 430 | Total--------------- | 1 cup------- | 28 | 359 |
| 431 | Trix---------------- | 1 cup------- | 28 | 160 |
| | Wheat cereals: | | | |
| 432 | Puffed wheat------- | 2 cups------ | 28 | 2 |
| 433 | Sugar coated----- | 1 cup------- | 28 | 46 |
| 434 | Shredded wheat----- | 1 biscuit--- | 24 | 3 |
| 435 | Wheat Chex--------- | 2/3 cup----- | 28 | 190 |
| 436 | Wheaties----------- | 1 cup------- | 28 | 355 |
| 437 | Wheat germ, toasted-- | 1/4 cup----- | 28 | 1 |
| | Breakfast sweets: | | | |
| | Coffee cake: | | | |
| 438 | Almond-------------- | 1/8 cake---- | 42 | 167 |
| 439 | Blueberry----------- | 1/8 cake---- | 35 | 135 |
| 440 | Honey nut----------- | 1/8 cake---- | 55 | 110 |
| 441 | Pecan--------------- | 1/8 cake---- | 40 | 172 |
| | Danish: | | | |
| 442 | Apple, frozen-------- | 1 roll------ | 72 | 220 |
| 443 | Cheese, frozen------- | 1 roll------ | 72 | 250 |
| 444 | Cinnamon, frozen----- | 1 roll------ | 72 | 260 |
| 445 | Orange, refrigerated dough------------- | 1 roll------ | 39 | 329 |
| | Doughnut: | | | |
| 446 | Cake type----------- | 1 doughnut-- | 32 | 160 |
| 447 | Yeast leavened------- | 1 doughnut-- | 42 | 99 |
| | Sweet rolls: | | | |
| 448 | Apple crunch, frozen- | 1 roll------ | 28 | 105 |
| 449 | Caramel, frozen------ | 1 roll------ | 29 | 118 |
| 450 | Cinnamon, frozen----- | 1 roll------ | 26 | 110 |
| 451 | Honey---------------- | 1 roll------ | 28 | 119 |

| Item | Food | Portion | Weight (grams) | Sodium (milligrams) |
|---|---|---|---|---|
| | Toaster pastry: | | | |
| 452 | Apple, frosted------- | 1 pastry---- | 52 | 324 |
| 453 | Blueberry, frosted--- | 1 pastry---- | 52 | 242 |
| 454 | Cinnamon, frosted---- | 1 pastry---- | 52 | 326 |
| 455 | Strawberry----------- | 1 pastry---- | 52 | 238 |
| | Cakes, from mix: | | | |
| | Angel food: | | | |
| 456 | Regular-------------- | 1/12 cake--- | 56 | 134 |
| 457 | One step------------- | 1/12 cake--- | 57 | 250 |
| 458 | Devils food---------- | 1/12 cake--- | 67 | 402 |
| 459 | Pound---------------- | 1/12 cake--- | 55 | 171 |
| 460 | White---------------- | 1/12 cake--- | 68 | 238 |
| 461 | Yellow--------------- | 1/12 cake--- | 69 | 242 |
| | Cookies: | | | |
| 462 | Brownies, iced-------- | 1 brownie--- | 32 | 69 |
| 463 | Chocolate chip-------- | 2 cookies--- | 21 | 69 |
| 464 | Fig bars-------------- | 2 bars------ | 28 | 96 |
| 465 | Ginger snaps---------- | 4 cookies--- | 28 | 161 |
| 466 | Macaroons------------- | 2 cookies--- | 38 | 14 |
| | Oatmeal: | | | |
| 467 | Plain--------------- | 1 cookie---- | 18 | 77 |
| 468 | With chocolate chips- | 2 cookies--- | 26 | 54 |
| 469 | With raisins--------- | 2 cookies--- | 26 | 55 |
| 470 | Sandwich type--------- | 2 cookies--- | 20 | 96 |
| 471 | Shortbread------------ | 4 cookies--- | 30 | 116 |
| 472 | Sugar----------------- | 1 cookie---- | 26 | 108 |
| 473 | Sugar wafer----------- | 4 cookies--- | 28 | 43 |
| 474 | Vanilla wafer--------- | 6 cookies--- | 24 | 53 |
| | Crackers: | | | |
| 475 | Graham---------------- | 1 cracker--- | 7 | 48 |
| 476 | Low sodium------------ | 1 cracker--- | 4 | 1 |
| 477 | Rye------------------- | 1 cracker--- | 6 | 70 |
| 478 | Saltine--------------- | 2 crackers-- | 6 | 70 |
| 479 | Whole wheat----------- | 1 cracker--- | 4 | 30 |

| Item | Food | Portion | Weight (grams) | Sodium (milligrams) |
|---|---|---|---|---|
| 480 | Macaroni, cooked--------- | 1 cup------- | 140 | 2 |
| 481 | Muffin, English---------- | 1 medium---- | 57 | 293 |
| 482 | Noodles, cooked---------- | 1 cup------- | 140 | 2 |
| 483 | Pancakes, from mix------- | 1 pancake--- | 27 | 152 |
| 484 | Pancake mix-------------- | 1 cup------- | 141 | 2,036 |
| | Pies, frozen: | | | |
| 485 | Apple------------------ | 1/8 of pie-- | 71 | 208 |
| 486 | Banana cream----------- | 1/6 of pie-- | 66 | 90 |
| | Bavarian cream: | | | |
| 487 | Chocolate------------ | 1/8 of pie-- | 80 | 78 |
| 488 | Lemon---------------- | 1/8 of pie-- | 83 | 71 |
| 489 | Blueberry-------------- | 1/8 of pie-- | 71 | 163 |
| 490 | Cherry----------------- | 1/8 of pie-- | 71 | 169 |
| 491 | Chocolate cream-------- | 1/6 of pie-- | 66 | 107 |
| | Coconut: | | | |
| 492 | Cream---------------- | 1/6 of pie-- | 66 | 104 |
| 493 | Custard-------------- | 1/8 of pie-- | 71 | 194 |
| 494 | Lemon cream------------ | 1/6 of pie-- | 66 | 92 |
| 495 | Mince------------------ | 1/8 of pie-- | 71 | 258 |
| 496 | Peach------------------ | 1/8 of pie-- | 71 | 169 |
| 497 | Pecan------------------ | 1/8 of pie-- | 71 | 241 |
| 498 | Pumpkin---------------- | 1/8 of pie-- | 71 | 169 |
| 499 | Strawberry cream------- | 1/6 of pie-- | 66 | 101 |
| | Rice, cooked: | | | |
| 500 | Brown------------------ | 1 cup------- | 195 | 10 |
| | White: | | | |
| 501 | Regular-------------- | 1 cup------- | 205 | 6 |
| 502 | Parboiled------------ | 1 cup------- | 175 | 4 |
| 503 | Quick---------------- | 1 cup------- | 165 | 13 |
| | Rolls: | | | |
| 504 | Brown and serve-------- | 1 roll------ | 28 | 138 |
| 505 | Refrigerated dough----- | 1 roll------ | 35 | 342 |

| Item | Food | Portion | Weight (grams) | Sodium (milligrams) |
|---|---|---|---|---|
| | Snacks: | | | |
| 506 | Corn chips------------- | 1 oz-------- | 28 | 231 |
| | Popcorn: | | | |
| 507 | Caramel coated------- | 1 cup------- | 35 | 262 |
| 508 | Oil, salt------------ | 1 cup------- | 9 | 175 |
| 509 | Plain---------------- | 1 cup------- | 6 | 1 |
| 510 | Potato chips----------- | 10 chips---- | 20 | 200 |
| | Pretzels: | | | |
| 511 | Regular twist-------- | 1 pretzel--- | 6 | 101 |
| 512 | Small stick---------- | 3 sticks---- | 1 | 17 |
| 513 | Spaghetti, cooked-------- | 1 cup------- | 140 | 2 |
| 514 | Stuffing mix, cooked----- | 1 cup------- | 170 | 1,131 |
| 515 | Waffle, frozen----------- | 1 waffle---- | 37 | 275 |

## Legumes and Nuts

| Item | Food | Portion | Weight (grams) | Sodium (milligrams) |
|---|---|---|---|---|
| | Almonds: | | | |
| 516 | Salted, roasted | 1 cup | 157 | 311 |
| 517 | Unsalted, slivered | 1 cup | 115 | 4 |
| | Beans: | | | |
| | Baked, canned: | | | |
| 518 | Boston style | 1 cup | 260 | 606 |
| 519 | With or without pork | 1 cup | 260 | 928 |
| | Dry, cooked: | | | |
| 520 | Great Northern | 1 cup | 179 | 5 |
| 521 | Lima | 1 cup | 192 | 4 |
| 522 | Kidney | 1 cup | 182 | 4 |
| 523 | Navy | 1 cup | 195 | 3 |
| 524 | Pinto | 1 cup | 207 | 4 |
| 525 | Kidney, canned | 1 cup | 255 | 844 |
| 526 | Brazil nuts, shelled | 1 cup | 140 | 1 |
| | Cashews: | | | |
| 527 | Roasted in oil | 1 cup | 140 | 21 |
| 528 | Dry roasted, salted | 1 cup | 140 | 1,200 |
| 529 | Chestnuts | 1 cup | 160 | 10 |
| 530 | Chickpeas, cooked | 1 cup | 169 | 13 |
| | Filberts (hazelnuts), | | | |
| 531 | chopped | 1 cup | 115 | 2 |
| 532 | Lentils, cooked | 1 cup | 188 | 4 |
| | Peanuts: | | | |
| 533 | Dry roasted, salted | 1 cup | 144 | 986 |
| 534 | Roasted, salted | 1 cup | 144 | 601 |
| 535 | Spanish, salted | 1 cup | 144 | 823 |
| 536 | Unsalted | 1 cup | 144 | 8 |
| | Peanut butter: | | | |
| 537 | Smooth or crunchy | 1 tbsp | 16 | 81 |
| 538 | Low sodium | 1 tbsp | 16 | 1 |
| | Peas: | | | |
| 539 | Blackeye, cooked | 1 cup | 204 | 12 |
| 540 | Split, cooked | 1 cup | 237 | 5 |
| 541 | Pecans | 1 cup | 118 | 1 |
| 542 | Pilinuts | 4 oz | 113 | 3 |
| 543 | Pistachios | 1 cup | 125 | 6 |

| Item | Food | Portion | Weight (grams) | Sodium (milligrams) |
|---|---|---|---|---|
| | Soybeans: | | | |
| 544 | Cooked----------------- | 1 cup------- | 180 | 4 |
| 545 | Curd (tofu)------------ | 1/4 block--- | 130 | 9 |
| | Fermented (miso): | | | |
| 546 | Red------------------ | 1/4 cup----- | 72 | 3,708 |
| 547 | White---------------- | 1/4 cup----- | 67 | 2,126 |
| 548 | Walnuts, English--------- | 1 cup------- | 120 | 3 |

## Soups

| Item | Food | Portion | Weight (grams) | Sodium (milligrams) |
|---|---|---|---|---|
| 549 | Beef broth, cubed | 1 cup | 241 | 1,152 |
| | Beef noodle: | | | |
| 550 | Condensed, with water | 1 cup | 244 | 952 |
| 551 | Dehydrated, with water | 1 cup | 251 | 1,041 |
| | Chicken noodle: | | | |
| 552 | Condensed, with water | 1 cup | 241 | 1,107 |
| 553 | Dehydrated, with water | 1 cup | 252 | 1,284 |
| | Chicken rice: | | | |
| 554 | Condensed, with water | 1 cup | 241 | 814 |
| 555 | Dehydrated, with water | 1 cup | 253 | 980 |
| 556 | Clam chowder, Manhattan, condensed, with water | 1 cup | 244 | 1,029 |
| | Clam chowder, New England, condensed: | | | |
| 557 | With water | 1 cup | 244 | 914 |
| 558 | With milk | 1 cup | 248 | 992 |
| 559 | Minestrone, condensed, with water | 1 cup | 241 | 911 |
| | Mushroom: | | | |
| 560 | Condensed, with water | 1 cup | 244 | 1,031 |
| 561 | Condensed, with milk | 1 cup | 248 | 1,076 |
| 562 | Dehydrated, with water | 1 cup | 253 | 1,019 |
| 563 | Low sodium | 1 cup | 244 | 27 |
| | Pea, green: | | | |
| 564 | Condensed, with water | 1 cup | 250 | 987 |
| 565 | Dehydrated, with water | 1 cup | 271 | 1,220 |
| | Tomato: | | | |
| 566 | Condensed, with water | 1 cup | 244 | 872 |
| 567 | Condensed, with milk | 1 cup | 248 | 932 |
| 568 | Dehydrated, with water | 1 cup | 265 | 943 |
| 569 | Low sodium | 1 cup | 244 | 29 |
| | Vegetable: | | | |
| 570 | Condensed, with water | 1 cup | 241 | 823 |
| 571 | Dehydrated, with water | 1 cup | 253 | 1,146 |
| | Vegetable beef: | | | |
| 572 | Condensed, with water | 1 cup | 244 | 957 |
| 573 | Dehydrated, with water | 1 cup | 252 | 1,000 |
| 574 | Low sodium | 1 cup | 244 | 51 |

## Sugars and Sweets

| Item | Food | Portion | Weight (grams) | Sodium (milligrams) |
|---|---|---|---|---|
| | Candy: | | | |
| 575 | Candy corn | 1 oz | 28 | 60 |
| 576 | Caramel | 1 oz | 28 | 74 |
| | Chocolate: | | | |
| 577 | Bitter | 1 oz | 28 | 4 |
| 578 | Milk | 1 oz | 28 | 28 |
| 579 | Fudge, chocolate | 1 oz | 28 | 54 |
| 580 | Gum drops | 1 oz | 28 | 10 |
| 581 | Hard | 1 oz | 28 | 9 |
| 582 | Jelly beans | 1 oz | 28 | 3 |
| 583 | Licorice | 1 oz | 28 | 28 |
| 584 | Marshmallows | 1 oz | 28 | 11 |
| 585 | Mints, uncoated | 1 oz | 28 | 56 |
| 586 | Peanut brittle | 1 oz | 28 | 145 |
| 587 | Taffy | 1 oz | 28 | 88 |
| 588 | Toffee bar, almond | 1 oz | 28 | 65 |
| | Jams and jellies: | | | |
| | Jam: | | | |
| 589 | Regular | 1 tbsp | 20 | 2 |
| 590 | Low calorie | 1 tbsp | 20 | 19 |
| | Jelly: | | | |
| 591 | Regular | 1 tbsp | 18 | 3 |
| 592 | Low calorie | 1 tbsp | 18 | 21 |
| | Sirup: | | | |
| | Chocolate flavored: | | | |
| 593 | Thin | 1 tbsp | 19 | 10 |
| 594 | Fudge | 1 tbsp | 19 | 17 |
| 595 | Corn | 1 tbsp | 20 | 14 |
| | Maple: | | | |
| 596 | Regular | 1 tbsp | 20 | 1 |
| 597 | Imitation | 1 tbsp | 20 | 20 |
| | Molasses: | | | |
| 598 | Light | 1 tbsp | 20 | 3 |
| 599 | Medium | 1 tbsp | 20 | 7 |
| 600 | Blackstrap | 1 tbsp | 20 | 18 |
| | Sugar: | | | |
| 601 | Brown | 1 cup | 220 | 66 |
| 602 | Granulated | 1 cup | 200 | 2 |
| 603 | Powdered | 1 cup | 120 | 1 |

## Vegetables, Vegetable Juices, and Salads

| Item | Food | Portion | Weight (grams) | Sodium (milligrams) |
|---|---|---|---|---|
| | Artichokes: | | | |
| 604 | Cooked | 1 medium | 120 | 36 |
| 605 | Hearts, frozen | 3 oz | 85 | 40 |
| | Asparagus: | | | |
| 606 | Raw | 1 spear | 20 | 1 |
| 607 | Frozen | 4 spears | 60 | 4 |
| | Canned: | | | |
| 608 | Regular | 4 spears | 80 | 298 |
| 609 | Low sodium | 1 cup | 235 | 7 |
| | Beans: | | | |
| | Italian: | | | |
| 610 | Frozen | 3 oz | 85 | 4 |
| 611 | Canned | 1 cup | 220 | 913 |
| | Lima: | | | |
| 612 | Cooked | 1 cup | 170 | 2 |
| 613 | Frozen | 1 cup | 170 | 128 |
| 614 | Canned | 1 cup | 170 | 456 |
| 615 | Low sodium | 1 cup | 170 | 7 |
| | Snap: | | | |
| 616 | Cooked | 1 cup | 125 | 5 |
| | Frozen: | | | |
| 617 | Regular | 3 oz | 85 | 3 |
| 618 | With almonds | 3 oz | 85 | 335 |
| 619 | With mushrooms | 3 oz | 85 | 145 |
| 620 | With onions | 3 oz | 85 | 360 |
| | Canned: | | | |
| 621 | Regular | 1 cup | 130 | 326 |
| 622 | Low sodium | 1 cup | 135 | 3 |
| | Beansprouts, mung: | | | |
| 623 | Raw | 1 cup | 105 | 5 |
| 624 | Canned | 1 cup | 125 | 71 |
| | Beets: | | | |
| 625 | Cooked | 1 cup | 170 | 73 |
| | Canned: | | | |
| 626 | Sliced | 1 cup | 170 | 479 |
| 627 | Low sodium | 1 cup | 170 | 110 |
| 628 | Harvard | 1 cup | 170 | 275 |
| 629 | Pickled | 1 cup | 170 | 330 |

| Item | Food | Portion | Weight (grams) | Sodium (milligrams) |
|---|---|---|---|---|
| 630 | Beet greens, cooked------ | 1 cup------- | 145 | 110 |
| | Broccoli: | | | |
| 631 | Raw-------------------- | 1 stalk----- | 151 | 23 |
| | Frozen: | | | |
| 632 | Cooked--------------- | 1 cup------- | 188 | 35 |
| 633 | With cheese sauce---- | 3.3 oz------ | 94 | 440 |
| 634 | With hollandaise sauce | 3.3 oz------ | 94 | 115 |
| | Brussels sprouts: | | | |
| 635 | Raw-------------------- | 1 medium---- | 18 | 1 |
| | Frozen: | | | |
| 636 | Cooked--------------- | 1 cup------- | 150 | 15 |
| 637 | In butter sauce------ | 3.3 oz------ | 94 | 421 |
| | Cabbage: | | | |
| | Green: | | | |
| 638 | Raw------------------ | 1 cup------- | 70 | 8 |
| 639 | Cooked--------------- | 1 cup------- | 144 | 16 |
| 640 | Red, raw--------------- | 1 cup------- | 70 | 18 |
| | Carrots: | | | |
| 641 | Raw-------------------- | 1 carrot---- | 72 | 34 |
| | Frozen: | | | |
| 642 | Cut or whole--------- | 3.3 oz------ | 94 | 43 |
| 643 | In butter sauce------ | 3.3 oz------ | 94 | 350 |
| 644 | With brown sugar glaze | 3.3 oz------ | 94 | 500 |
| | Canned: | | | |
| 645 | Regular-------------- | 1 cup------- | 155 | 386 |
| 646 | Low sodium----------- | 1 cup------- | 150 | 58 |
| | Cauliflower: | | | |
| 647 | Raw-------------------- | 1 cup------- | 115 | 17 |
| 648 | Cooked----------------- | 1 cup------- | 125 | 13 |
| | Frozen: | | | |
| 649 | Cooked--------------- | 1 cup------- | 180 | 18 |
| 650 | With cheese sauce---- | 3 oz-------- | 85 | 325 |
| 651 | Celery, raw-------------- | 1 stalk----- | 20 | 25 |
| 652 | Chard, cooked------------ | 1 cup------- | 166 | 143 |
| 653 | Chicory------------------ | 1 cup------- | 90 | 6 |

| Item | Food | Portion | Weight (grams) | Sodium (milligrams) |
|---|---|---|---|---|
| | Collards: | | | |
| 654 | Cooked | 1 cup | 190 | 24 |
| 655 | Frozen | 3 oz | 85 | 41 |
| | Corn: | | | |
| 656 | Cooked | 1 ear | 140 | 1 |
| 657 | Frozen | 1 cup | 166 | 7 |
| | Canned: | | | |
| | Cream style: | | | |
| 658 | Regular | 1 cup | 256 | 671 |
| 659 | Low sodium | 1 cup | 256 | 5 |
| 660 | Vacuum pack | 1 cup | 210 | 577 |
| | Whole kernel: | | | |
| 661 | Regular | 1 cup | 165 | 384 |
| 662 | Low sodium | 1 cup | 166 | 2 |
| 663 | Cucumber | 7 slices | 28 | 2 |
| 664 | Dandelion greens, cooked | 1 cup | 105 | 46 |
| 665 | Eggplant, cooked | 1 cup | 200 | 2 |
| 666 | Endive, raw | 1 cup | 50 | 7 |
| | Kale: | | | |
| 667 | Cooked | 1 cup | 110 | 47 |
| 668 | Frozen | 3 oz | 85 | 13 |
| 669 | Kohlrabi, cooked | 1 cup | 165 | 9 |
| 670 | Leek | 1 bulb | 25 | 1 |
| 671 | Lettuce | 1 cup | 55 | 4 |
| | Mushrooms: | | | |
| 672 | Raw | 1 cup | 70 | 7 |
| 673 | Canned | 2 oz | 56 | 242 |
| | Mustard greens: | | | |
| 674 | Raw | 1 cup | 33 | 11 |
| 675 | Cooked | 1 cup | 140 | 25 |
| 676 | Frozen | 3 oz | 85 | 25 |
| 677 | Okra, cooked | 10 pods | 106 | 2 |
| | Onions: | | | |
| 678 | Mature, dry | 1 medium | 100 | 10 |
| 679 | Green | 2 medium | 30 | 2 |
| 680 | Flaked | 1 tbsp | 6 | 31 |

| Item | Food | Portion | Weight (grams) | Sodium (milligrams) |
|---|---|---|---|---|
| 681 | Parsley, raw------------- | 1 tbsp------ | 4 | 2 |
| 682 | Parsnips, cooked--------- | 1 cup------- | 155 | 19 |
| | Peas, green: | | | |
| 683 | Cooked----------------- | 1 cup------- | 160 | 2 |
| | Frozen: | | | |
| 684 | Regular-------------- | 3 oz-------- | 85 | 80 |
| 685 | In butter sauce------ | 3.3 oz------ | 94 | 402 |
| 686 | In cream sauce------- | 2.6 oz------ | 74 | 420 |
| 687 | With mushrooms------- | 3.3 oz------ | 94 | 240 |
| | Canned: | | | |
| 688 | Regular-------------- | 1 cup------- | 170 | 493 |
| 689 | Low sodium----------- | 1 cup------- | 170 | 8 |
| | Peppers: | | | |
| 690 | Hot, raw--------------- | 1 pod------- | 28 | 7 |
| 691 | Sweet, raw or cooked--- | 1 pod------- | 74 | 9 |
| | Potatoes: | | | |
| 692 | Baked or boiled-------- | 1 medium---- | 156 | 5 |
| | Frozen: | | | |
| 693 | French fried--------- | 10 strips--- | 50 | 15 |
| 694 | Salted--------------- | 2.5 oz------ | 71 | 270 |
| 695 | Canned----------------- | 1 cup------- | 250 | 753 |
| 696 | Instant, reconstituted- | 1 cup------- | 210 | 485 |
| 697 | Mashed, milk and salt-- | 1 cup------- | 210 | 632 |
| 698 | Au gratin-------------- | 1 cup------- | 245 | 1,095 |
| 699 | Pumpkin, canned---------- | 1 cup------- | 245 | 12 |
| 700 | Radish------------------- | 4 small----- | 18 | 2 |
| 701 | Rutabaga, cooked--------- | 1 cup------- | 200 | 8 |
| 702 | Sauerkraut, canned------- | 1 cup------- | 235 | 1,554 |
| 703 | Shallot------------------ | 1 shallot--- | 20 | 3 |
| | Spinach: | | | |
| 704 | Raw-------------------- | 1 cup------- | 55 | 49 |
| 705 | Cooked----------------- | 1 cup------- | 180 | 94 |
| | Frozen: | | | |
| 706 | Regular-------------- | 3.3 oz------ | 94 | 65 |
| 707 | Creamed-------------- | 3 oz-------- | 85 | 280 |

| Item | Food | Portion | Weight (grams) | Sodium (milligrams) |
|---|---|---|---|---|
| | Canned: | | | |
| 708 | Regular | 1 cup | 205 | 910 |
| 709 | Low sodium | 1 cup | 205 | 148 |
| | Squash: | | | |
| | Summer: | | | |
| 710 | Cooked | 1 cup | 210 | 5 |
| 711 | Frozen, with curry | 1/3 cup | 71 | 228 |
| 712 | Canned | 1 cup | 210 | 785 |
| | Winter: | | | |
| 713 | Baked, mashed | 1 cup | 205 | 2 |
| 714 | Frozen | 1 cup | 200 | 4 |
| | Sweetpotatoes: | | | |
| 715 | Baked or boiled in skin | 1 potato | 132 | 20 |
| | Canned: | | | |
| 716 | Regular | 1 potato | 100 | 48 |
| 717 | Low sodium | 1 serving | 113 | 27 |
| 718 | Candied | 1 potato | 100 | 42 |
| 719 | Yam, white, raw | 1 cup | 200 | 28 |
| | Tomatoes: | | | |
| 720 | Raw | 1 tomato | 123 | 14 |
| 721 | Cooked | 1 cup | 240 | 10 |
| | Canned: | | | |
| 722 | Whole | 1 cup | 240 | 390 |
| 723 | Stewed | 1 cup | 240 | 584 |
| 724 | Low sodium | 1 cup | 240 | 16 |
| | Tomato juice: | | | |
| 725 | Regular | 1 cup | 243 | 878 |
| 726 | Low sodium | 1 cup | 243 | 9 |
| 727 | Tomato paste | 1 cup | 258 | 77 |
| 728 | Tomato sauce | 1 cup | 248 | 1,498 |
| 729 | Turnip greens, cooked | 1 cup | 155 | 17 |

| Item | Food | Portion | Weight (grams) | Sodium (milligrams) |
| --- | --- | --- | --- | --- |
| | Vegetables, mixed: | | | |
| 730 | Frozen---------------- | 3.3 oz------ | 94 | 45 |
| 731 | Canned---------------- | 1 cup------- | 170 | 380 |
| 732 | Vegetable juice cocktail-- | 1 cup------- | 243 | 887 |
| | Salads: | | | |
| | Bean: | | | |
| 733 | Marinated ----------- | 1/2 cup----- | 130 | 104 |
| 734 | Canned--------------- | 1/2 cup----- | 130 | 537 |
| 735 | Carrot-raisin---------- | 1/2 cup----- | 63 | 97 |
| 736 | Cole slaw-------------- | 1/2 cup----- | 60 | 68 |
| 737 | Macaroni--------------- | 2/3 cup----- | 127 | 676 |
| 738 | Potato----------------- | 1/2 cup----- | 125 | 625 |

# Condiments, Fats, and Oils

| Item | Food | Portion | Weight (grams) | Sodium (milligrams) |
|---|---|---|---|---|
| 739 | Baking powder | 1 tsp | 3 | 339 |
| 740 | Baking soda | 1 tsp | 3 | 821 |
| | Catsup: | | | |
| 741 | Regular | 1 tbsp | 15 | 156 |
| 742 | Low sodium | 1 tbsp | 15 | 3 |
| 743 | Chili powder | 1 tsp | 3 | 26 |
| | Garlic: | | | |
| 744 | Powder | 1 tsp | 3 | 1 |
| 745 | Salt | 1 tsp | 6 | 1,850 |
| 746 | Horse radish, prepared | 1 tbsp | 18 | 198 |
| | Meat tenderizer: | | | |
| 747 | Regular | 1 tsp | 5 | 1,750 |
| 748 | Low sodium | 1 tsp | 5 | 1 |
| 749 | MSG (monosodium glutamate) | 1 tsp | 5 | 492 |
| 750 | Mustard, prepared | 1 tsp | 5 | 65 |
| | Olives: | | | |
| 751 | Green | 4 olives | 16 | 323 |
| 752 | Ripe, mission | 3 olives | 15 | 96 |
| | Onion: | | | |
| 753 | Powder | 1 tsp | 2 | 1 |
| 754 | Salt | 1 tsp | 5 | 1,620 |
| 755 | Parsley, dried | 1 tbsp | 1 | 6 |
| 756 | Pepper, black | 1 tsp | 2 | 1 |
| | Pickles: | | | |
| 757 | Bread and butter | 2 slices | 15 | 101 |
| 758 | Dill | 1 pickle | 65 | 928 |
| 759 | Sweet | 1 pickle | 15 | 128 |
| 760 | Relish, sweet | 1 tbsp | 15 | 124 |
| 761 | Salt | 1 tsp | 5 | 1,938 |
| | Sauces: | | | |
| 762 | A-1 | 1 tbsp | 17 | 275 |
| 763 | Barbecue | 1 tbsp | 16 | 130 |
| | Chili: | | | |
| 764 | Regular | 1 tbsp | 17 | 227 |
| 765 | Low sodium | 1 tbsp | 15 | 11 |
| 766 | Soy | 1 tbsp | 18 | 1,029 |

| Item | Food | Portion | Weight (grams) | Sodium (milligrams) |
|---|---|---|---|---|
| 767 | Tabasco---------------- | 1 tsp------- | 5 | 24 |
| 768 | Tartar----------------- | 1 tbsp------ | 14 | 182 |
| 769 | Teriyaki--------------- | 1 tbsp------ | 18 | 690 |
| 770 | Worcestershire--------- | 1 tbsp------ | 17 | 206 |
| 771 | Vinegar------------------ | 1/2 cup----- | 120 | 1 |
| 772 | Yeast, baker's, dry------ | 1 package--- | 7 | 1 |
| | Fats, oils, and related products: | | | |
| | Butter: | | | |
| 773 | Regular--------------- | 1 tbsp------ | 14 | 116 |
| 774 | Unsalted-------------- | 1 tbsp------ | 14 | 2 |
| 775 | Whipped--------------- | 1 tbsp------ | 9 | 74 |
| | Margarine: | | | |
| 776 | Regular--------------- | 1 tbsp------ | 14 | 140 |
| 777 | Unsalted-------------- | 1 tbsp------ | 14 | 1 |
| | Oil, vegetable, (includes corn, olive, and | | | |
| 778 | soybean)-------------- | 1 tbsp------ | 14 | 0 |
| | Salad dressing: | | | |
| 779 | Blue cheese----------- | 1 tbsp------ | 15 | 153 |
| | French: | | | |
| 780 | Home recipe--------- | 1 tbsp------ | 14 | 92 |
| 781 | Bottled------------- | 1 tbsp------ | 14 | 214 |
| 782 | Dry mix, prepared--- | 1 tbsp------ | 14 | 253 |
| 783 | Low sodium---------- | 1 tbsp------ | 15 | 3 |
| | Italian: | | | |
| 784 | Bottled------------- | 1 tbsp------ | 15 | 116 |
| 785 | Dry mix, prepared--- | 1 tbsp------ | 14 | 172 |
| 786 | Mayonnaise------------ | 1 tbsp------ | 15 | 78 |
| 787 | Russian--------------- | 1 tbsp------ | 15 | 133 |
| | Thousand Island: | | | |
| 788 | Regular------------- | 1 tbsp------ | 16 | 109 |
| 789 | Low cal------------- | 1 tbsp------ | 14 | 153 |

**Table 2—Sodium Content of Selected Nonprescription Drugs***

| Type of product | Trade name | Ingredients | Sodium content mg per dose | Sodium content mg per 100 ml |
|---|---|---|---|---|
| Analgesic | (Various) | Aspirin | 49 | — |
| Antacid analgesic | Bromo-Seltzer | Acetaminophen<br>Sodium citrate | 717 | — |
| | Alka-Seltzer (blue box) | Aspirin<br>Sodium citrate | 521 | — |
| Antacid laxative | Sal Hepatica | Sodium bicarbonate<br>Sodium monohydrogen phosphate<br>Sodium citrate | 1,000 | — |
| Antacids | Rolaids | Dihydroxy aluminum<br>Sodium carbonate | 53 | — |
| | Soda Mint | Sodium bicarbonate | 89 | — |
| | Alka-Seltzer Antacid (gold box) | Sodium bicarbonate<br>Potassium bicarbonate<br>Citric acid | 276 | — |
| | Brioschi | Sodium bicarbonate<br>Tartaric acid<br>Sucrose | 710 | — |
| Laxatives | Metamucil Instant Mix | Psyllium<br>Sodium bicarbonate<br>Citric acid | 250 | — |
| | Fleet's Enema | Sodium biphosphate<br>Sodium phosphate | 250-300 (absorbed) | — |
| Sleep-aids | Miles Nervine Effervescent | Sodium citrate | 544 | — |
| Antacid suspensions | Milk of Magnesia | Magnesium hydroxide | — | 10 |
| | Amphogel | Aluminum hydroxide | — | 14 |
| | Basalgel | Aluminum carbonate | — | 36 |
| | Maalox | Magnesium hydroxide<br>Aluminum carbonate | — | 50 |
| | Riopan | Magnesium aluminum complex | — | 14 |
| | Mylanta I | Magnesium hydroxide | — | 76 |
| | Mylanta II | Aluminum hydroxide | — | 160 |
| | Digel | Simethicone | — | 170 |
| | Titralac | Calcium carbonate | — | 220 |

*Reprinted by permission from table 4 of the American Medical Association's publication "Sodium and Potassium in Foods and Drugs " that was adapted from an article by D. R. Bennett, MD, PhD, entitled "Sodium Content of Prescription and Non-Prescription Drugs." Copyright (1979) to this information is held by the AMA.